Bibliografische Information der Deutschen Nationalbibliothek:

Die Deutsche Bibliothek verzeichnet diese Publikation in der Deutschen National-
bibliografie; detaillierte bibliografische Daten sind im Internet über http://dnb.d-
nb.de/ abrufbar.

Impressum:

Copyright © 2018 GRIN Verlag
Druck und Bindung: Books on Demand GmbH, Norderstedt Germany
ISBN: 9783668910829

Dominic Bettschen

Ist nachhaltiger Wintertourismus möglich? Auswirkungen und Maßnahmen gegen den Klimawandel

GRIN Verlag

NACHHALTIGER WINTERTOURISMUS

AUSWIRKUNGEN UND MASSNAHMEN GEGEN DEN KLIMAWANDEL

Inhalt

Einleitung

Diese Wissenschaftliche Arbeit befasst sich mit dem Thema „Nachhaltiger Wintertourismus". Insbesondere auf ökologische Merkmale im Zusammenhang mit dem Klimawandel wird Bezug genommen. Zuerst werden kurz die Auswirkungen des Klimawandels im Allgemeinen beschrieben und dann wird erklärt wie die Wintersport-destinationen davon betroffen sind. Es werden verschiedene Massnahmen angeschaut, die von den Skigebieten angewandt werden, um den Auswirkungen des Klimawandels entgegenzuwirken. Der Fokus liegt auf der Kunstschneeproduktion. Dann wird untersucht, ob diese Massnahmen dem Prinzip der Nachhaltigkeit entsprechen. Auch weitere Massnahmen werden untersucht, welche dazu beitragen, die Nachhaltigkeit zu erhöhen. Am Schluss folgt eine Auswertung, ob der Wintertourismus tatsächlich nachhaltig betrieben wird und ein kurzes Schlusswort.

Auswirkungen des Klimawandel

Basierend auf Simulationen globaler Klimamodelle wird für die globale, bodennahe Lufttemperatur ein Anstieg zwischen 1.8 bis 4 Grad Celsius bis zum Ende des 21. Jahrhunderts erwartet. Verantwortlich dafür sind vor allem die Treibhausgase. Sie werden durch Verbrennung fossiler Brennstoffe (Kohle, Öl, Gas) verursacht. Durch den Treibhauseffekt wird die Erde laut NASA in den kommenden 100 Jahren „20 Mal schneller erwärmen, als es im historischen Vergleich der Fall war" (Burton, 2018). Selbst wenn die Treibhausgaskonzentration nicht weiter ansteigen würde, wäre global pro Dekade mit einem Temperaturanstieg von 0.1 Grad zu rechnen. (Resch, Hiebl, Haslinger, & Unger, 2014)

Die Temperaturanstiege sind auch ein wesentlicher Faktor für den Gletscherrückgang. Innerhalb von 166 Jahren ist die Hälfte der Gletscherfläche der Schweiz geschmolzen. (Lutz & Brupbacher, O./J.). In weniger als hundert Jahren werden laut Experten sämtliche Zentralschweizer Gletscher wegschmelzen_(Zemp, 2017). Dies hat auch folgen auf den Wintertourismus. Der folgende, aus einem Buch zitierte Satz, beschreibt es treffend:

„Der Gletscherschwund führt zu einem bedeutenden Attraktivitätsverlust. [...] Ohne Gletscher kann das Image des schweizerischen Tourismus relativ stark in Mitleidenschaft gezogen werden. Die Natur wird nicht mehr als intakt

Kunstschneeproduktion

Die natürliche Schneesicherheit (mind. 100 Tage mit einer Schneehöhe $\geq$ 30 cm vom 1.12. - 15.04.) ist bereits heutzutage in vielen Gebieten gefährdet, vor allem in Gebieten unter 1500 m ü. M. Deshalb wird oft in Beschneiungssysteme investiert, um die Schneesicherheit kurzfristig zu gewährleisten. Allerdings wird auf die zukünftige Entwicklung wenig Acht gegeben. (Gallati, et al., 2007)

Auch die Schneegrenze verschiebt sich wegen der Klimaerwärmung stetig nach oben. Wie eine Studie des Instituts für Schnee und Lawinenforschung (SLF) ergab, hat die Dauer der Schneebedeckung seit 1970 abgenommen – am meisten im Bereich zwischen 1100 und 2500 Meter über Meer. Die Schneesaison beginnt durchschnittlich 12 Tage später und endet rund 25 Tage früher. (Müller, Tages-Anzeiger, 2017)

Zwar benötigen Schweizer Wintersportgebiete weniger Beschneiung als andere Länder, da viele Gebiete in höheren gelegene Orten liegen, trotzdem gehören Schneeanlagen heutzutage zum Grundangebot von Wintersportdestinationen (SBS, 2011).
Der Wintersport wäre ohne künstliche Beschneiung gar nicht mehr möglich. (Müller, Tages-Anzeiger, 2017)

Entstehung von Kunstschnee

Die korrekte Bezeichnung für den Begriff Kunstschnee wäre eigentlich «technischer Schnee». Er enthält nichts Künstliches, sondern wird mit technischen Hilfsmitteln hergestellt. Er besteht wie Naturschnee lediglich aus Wasser und Luft. Bei der technischen Schneeerzeugung wird zuerst Wasser und Druckluft durch so genannte Nukleatordüsen gepresst. Beim Austritt dehnt sich das Luft-Wasser Gemisch aus und bildet dadurch Eiskeime. Diese werden mit dem zerstäubten Wasser aus den Wasserdüsen besprüht. Es entstehen kleine Eiskügelchen. Der Gefrierprozess funktioniert erst ab ca. -2 bis -3 Grad Celsius. Optimal ist eine Temperatur von -10 °C. (Fritsche, Putzer, & Putzer)

Sind Schneekanonen nachhaltig?

Nun stellt sich die Frage, ob die Nutzung von Schneekanonen mit dem Prinzip der Nachhaltigkeit vereinbar ist. Dazu werden die zur Schneeproduktion benötigten Ressourcen Wasser und Strom betrachtet. Schweizer Beschneiungsanlagen haben eine jährliche Laufzeit zwischen 250 bis 400 Stunden. Der Verband „Seilbahnen Schweiz" (SBS) geht von einem jährlichen Energieverbrauch von etwa 64 GWh/a (Gigawatt pro Stunde) aus (Lang, 2009). Der Wasserverbrauch der Propellerkanonen liegt bei 540 Litern Wasser pro Minute. Um diese grossen Wassermengen verwenden zu können, werden Speicherseen gebaut. Dort wird das Wasser im Sommer gesammelt und gespeichert (Haun, 2017). Gemäss den Experten dürfte bei den meisten Speicherseen das Wasser (Verfügbarkeit & ökologische Auswirkungen) das grössere Problem sein als der Energieverbrauch (Lang, 2009). Im Winter ist der Wasserhaushalt in den Alpen durch die Beschneiung erheblich gestört. Das ohnehin schon begrenzte Wasservorkommen wird zunehmend knapper. (Haun, 2017) Das Einschneien eines grossen Skigebietes ist in der Grössenordnung, mit rund 550'000 kWh Strom in etwa mit dem Betrieb einer offenen Kunsteisenbahn in Zürich (800'000 kWh/a) oder eines Hallenbades in den Bergen (820'000 kWh/a) zu vergleichen (Lang, 2009).

Einfluss der (Kunstschnee-)Pisten auf Landschaft und Umwelt

Die künstliche Beschneiung beeinflusst auch Landschaft und Umwelt. Im Vergleich zu Naturschneeflocken, welche eine sechseckige kristalline Form haben, sind die Kunstschneeflocke rundlich und weisen daher eine höhere Dichte auf. Dies führt dazu das sie langsamer schmelzen. Der Schnee bleibt deshalb bei Kunstschneepisten 2-3 Wochen länger bestehen. Somit verzögert sich der Beginn des Pflanzenwachstum und Arten, die normalerweise an Orten mit später Ausaperung wachsen, kommen auf Kunstschneepisten häufiger vor. (SnowTrex, SnowTrex, 2017) Pflanzenwachstum bei Kunstschneepisten unterscheidet sich im Vergleich zu normalen Pisten, da die Temperaturen unterschiedlich sind. Bei Naturschneepisten liegen die Tiefsttemperaturen bei unter -10°C, weil die dünne Schneedicke schlecht isoliert und so der Boden schneller auskühlt. Bei Kunstschneepisten hingegen liegen die Temperaturen bei etwa 0°C. (Rixen, Wipf, & Huovinen, 1999-2001)

„Die Regenerationsphase des Bodens und der Pflanzen wird teilweise empfindlich gestört [...]" (SnowTrex, SnowTrex, 2017) Ende Saison müssen die Skigebiete mit den Pistenfahrzeugen den Schnee wegstossen, damit sich die Natur schneller erholen kann.

Kosten der Kunstschneeproduktion

Eine weitere negative Auswirkung der Kunstschneeproduktion sind die hohen Kosten, welche diese Beschneiungsanlagen mit sich bringen. Ein Kilometer Beschneiungs-anlage bringt Kosten von ca. 1'000'000 Franken mit sich. Die jährlichen Energiekosten liegen zwischen 7 und 10 Millionen Franken (Lang, 2009). Dazu kommen noch die Betriebskosten (Strom-, Wasser- und Personalkosten sowie Amortisationskosten und Zinsen) der technischen Beschneiung. Diese betragen 20'000-30'000 CHF pro Pistenkilometer und pro Wintersaison (SBS, 2011).

Vorteile von Kunstschnee

Trotz all den negativen Auswirkungen des Kunstschnees, bringt dieser auch Vorteile mit. Der künstliche Schnee ist in seiner Beschaffenheit eigentlich immer gleich, während Naturschnee je nach Wassergehalt eine unterschiedliche Dichte aufweist. Kunstschneepisten sind grundsätzlich härter als Naturschneepisten, da der Wasseranteil bei Kunstschnee grösser ist. Das bereites oben erwähnte langsamere Auftauen schadet zwar den Pflanzen, sorgt aber auch dafür, dass der Schnee länger anhält. So sorgt Kunstschnee für ein längeres und angenehmeres Ski-Fahrerlebnis. (SnowTrex, SnowTrex, 2017)

Weitere Massnahmen gegen den Klimawandel

Da Kunstschneeproduktion viel Energie und Wasserkosten mit sich bringen, sollten noch andere Massnahmen getroffen werden, um dem Klimawandel entgegen zu wirken. Ob diese nachhaltiger sind als die wenig nachhaltige Produktion von Kunstschnee, wird nachfolgend untersucht.

Die Abhängigkeit von der Wintersaison sollte verringert werden. Die Wintersaison bringt etwa 80 Prozent der Einnahmen (Streuli & Reinmann, 2015). Stärkere Verlagerung auf den Sommertourismus würde die Natur weniger stark belasten, da Aktivitäten wie wandern die Umwelt weniger belasten als es die ganzen Wintersportaktivitäten tun. Vor allem tiefergelegene Regionen, werden in Zukunft immer weniger schneesichere Skistationen haben und werden deshalb in Zukunft zwangsmässig stärker auf den Sommertourismus setzen müssen (Streuli & Reinmann, 2015).

Um die Nachhaltigkeit zu erhöhen, sollte ausserdem die Wintersportsaison verkürzt werden, beziehungsweise der Saisonstart nach hinten verlegt werden, um weniger Kunstschnee verwenden zu müssen. Im Monat Oktober hat es in den meisten Orten noch keinen Schnee und deshalb müssen grosse Mengen an Kunstschnee produziert werden.

Ein weiteres Problem ist die immer weitere Vergrösserung und Ausbau der Skigebiete. Durch das dichte Netz von Seilbahnen und Skipisten wird die Landschaft zerstört, weil in sensiblen Bereichen wie ober- und unterhalb der Waldgrenze angebaut wird. Der Bodenaufbau wird durch die Planierung stark in Mitleidenschaft gezogen.
(Fritsche, Putzer, & Putzer)

Snowfarming als alternative Lösung?
Beim Snowfarming wird ein grosser Haufen Kunstschnee mit einer Isolierschicht bedeckt und während dem Sommer gelagert. Als erste Isolationsschicht wird häufig Sägemehl oder Hackschnitzel benutzt. Einige Skigebiete überdecken die erste Schicht noch mit Hartschaumplatten. Der häufig trapezförmige Schneehaufen wird als Nächstes mit einer Silofolie überdeckt, damit verhindert werden kann, dass Wasser eindringen kann. Zuletzt überdeckt man alle Schichten mit einem weissen Vlies, um UV-Strahlen zu reflektieren. (Eisenrauch, 2018)

Mithilfe dieser Massnahmen kann meistens mehr als zwei-drittel der ausgegangen Schneemasse konserviert werden. Dieses Schneedepot ermöglicht den Skigebieten einen früheren Einstieg in die Saison. Das Skigebiet Davos arbeitet seit 2008 mit dem SLF zusammen und sie können deswegen gegen Ende Oktober eine vier Kilometer lange Langlaufpiste eröffnen. (Rhyner & Wolfsperger, 2018)

Das Snowfarming kann für die grösseren Skigebiete attraktiv sein, wenn sie einen bestimmten Event geplant haben oder einfach ein Trainingsort zur Verfügung stellen wollen. Die kleineren Skiregionen haben grösstenteils keinen geeigneten Ort, um einen riesigen Schneehaufen zu lagern. Optimal ist es, wenn die Schneehaufen in höheren Bergregionen liegen, da die Temperaturen dort oben etwas kälter sind als im Tal. Noch besser ist es, wenn die Haufen im Schatten platziert sind.

Darüber hinaus bringt das Snowfarming grosse Kosten mit sich. Hansueli Rhyner vom SLF erklärt, dass es nicht einfach ist die Kosten zu berechnen:

„Bei der Produktion des Schnees geht man von 5 bis 10 Euro pro Kubikmeter aus. Wir schätzen, dass die Lagerung in etwa dreimal so teuer ist. Der Preis hängt unter anderem davon ab, welches Abdeckmaterial verwendet wird, wie weit es und der Schnee transportiert werden müssen. Maschinenstunden und Personalaufwand sind die treibenden Kosten." (Tiroler-Tageszeitung, 2016)

Ein Schneehaufen von 1000 Kubikmeter kostet Total um die 25'000 Franken. Davon benötigt man rund 9'500 CHF für Holzschnitzel alleine. Der Rest der Kosten beziehen sich auf die Produktion vom Kunstschnee und den Aufbau des Schneehaufens.
(O.A., 2012)

Würde man dieselbe Menge Kunstschnee im Herbst, bei Temperaturen über Null Grad Celsius produzieren, dann wäre das sehr umweltschädlich, da dabei viel Energie und Wasser verbraucht wird. Der künstlich hergestellte Schnee wird bei optimalen Bedingungen im Januar und Februar angefertigt. Die Temperatur befindet sich weit unter null Grad Celsius und die Umgebungsluft ist kalt und trocken. Dadurch wird nur ein Drittel der im Herbst benötigten Energie verbraucht. Weil im Sommer erfahrungsgemäss weniger als ein Drittel schmilzt, können die Skigebiet dies verkraften. (Flury, 2016)

Durch das Snowfarming in der Schweiz können Spitzensportler, aus Nachbarländern, sich optimal auf ihre Saison vorbereiten. Würde ein solches Trainingsangebot nicht bestehen, dann würden viele Teams auf weiter entfernte Länder ausweichen müssen, zum Beispiel Finnland. Durch die Reise hin und zurück würden noch mehr Treibhausgasemissionen entstehen. (Flury, 2016)

Auswertung

Der Wintertourismus wird nie nachhaltig sein. Das Skifahren ist eines der umweltschädlichsten Sportarten. Es wird zurecht als umweltaggressive Sportart bezeichnet. Beim Skifahren passt man sich nicht an die von der Natur bereitgestellten Ressourcen, wie zum Beispiel den Schnee, und um überhaupt auf eine passende Höhe zu kommen, werden Seilbahnen benutzt. Dazu kommt noch, dass die Umwelt unter der Vorbereitung für Seilbahnanlagen, Skipisten und Speicherseen leiden muss. (Garzia, 2016)

Das Problem liegt nicht nur bei den Skigebieten. Die grössten Umweltverschmutzer sind die Touristen selbst, die oft einfach Tagesausflüge machen. Durch ihre oft langen An- und Rückreisen, auf denen sie viele fossile Brennstoffe benötigen, produzieren sie viele CO_2 Emissionen. Die Anreise mit dem Auto ist für viele „angenehmer", obwohl sie oft stundenlang im Stau warten müssen. Die Anreise mit den öffentlichen Verkehrsmitteln ist vielleicht etwas umständlicher, jedoch hilft man der Umwelt und man erspart sich Staus. Die Skigebiete müssen ihre Kunden dazu bewegen und motivieren, nachhaltig anzureisen. Zum Beispiel durch Vergünstigungen beim Bergbahnen Ticket, wenn man mit den Öffentlichen Verkehrsmittel anreist. (Luthe, 2015)

Die Touristen sind nur eine Seite der vielen Problemen. Die Wintersportindustrie, welche alle nötigen Materialien verarbeitet, um die perfekte Ausrüstung zu produzieren, spielt auch eine wichtige Rolle. Jedes Jahr muss sich jede Marke selbst übertrumpfen und neue und bessere Produkte vorstellen. Natürlich sind innovative und neue Produkte erwünscht, die grosse Frage ist aber ob sie auch nachhaltig sind. Einige Firmen und Marken produzieren mit einem kleinen CO_2-Fussabdruck, neue Produkte. Das ist ja schön und gut, dennoch werden Unmengen an Treibhausgasen produziert, da mit dem Transport dieser Waren lange Wege zurückgelegt werden. Auch hier können Skigebiete ihre Kundschaft darauf aufmerksam machen, wie und wo sie nachhaltige Ausrüstung erhalten. Ein Beispiel wäre, dass die Kunden mehr Ausrüstung mieten könnten, weil diese Ausrüstung dann mehrmals von verschiedenen Touristen benutzt werden kann. (Jungbluth, Stucki, Leuenberger, & Nathani, 2011) Die Skigebiete müssen effizienter, umweltschonender und nachhaltiger mit ihren Ressourcen umgehen. Durch den späten Beginn des Winters, beschneien viele Skigebiete auf Hochtouren damit sie einen möglichst frühen Saisonstart haben können. (Salome, 2017)

Dabei werden oft mehrere Speicherseen benötigt, die im Sommer aufgefüllt werden, damit sie im November und Dezember mit der Kunstschneeproduktion beginnen können.

Viele vergessen, dass Wasser keine unbegrenzte Ressource ist. Einige Skiregionen mussten schon mal mit Wasserknappheit kämpfen. In der Zukunft wird sich dies nicht verbessern, da sie mehr Wasser für die Schneekanonen benötigen werden, aber die Bevölkerung immer noch einen gleich grossen oder sogar einen höheren Wasserverbrauch haben wird. Der Energieverbrauch muss auch gesenkt werden, durch effizientere Maschinen, wie z.B die Schneekanonen kann ein ganzes Skigebiet nachhaltiger werden. (Osswald, 2015)

Schlusswort

Zu Beginn dieser Arbeit war uns nicht bewusst wie stark die Skigebiete sich selbst und der Umwelt schaden. Dazu wollten wir auch besonders den Klimawandel in den Fokus stellen und seine Auswirkungen auf die Skigebiete aufzeigen.

Es ist uns bewusst geworden, dass die Skigebiete nachhaltiger werden können und müssen, aber dass sie gegen den Klimawandel eigentlich nichts ausrichten können. Der Klimawandel schreitet immer weiter fort und ist selbst durch die Reduktion der Treibhausgase nicht mehr zu stoppen. Es werden zwar laufend neue Technologien entwickelt und verschiedenste Massnahmen entworfen, um dem Klimawandel entgegenzuwirken, jedoch sind diese auch mit Aufwand und Kosten verbunden und auch nicht immer wirklich nachhaltig. Natürlich wäre es schön, wenn man in 100 Jahren noch in den Alpen Skifahren gehen könnte. Wie wir in unserer Arbeit festgestellt haben, wird dies aber leider in tiefergelegenen Skiregionen nicht mehr möglich sein. In Zukunft werden sich viele Wintersportregionen stärker auf den Sommertourismus konzentrieren müssen (Martin, 2016).

Literatur

Burton, M. (20. Februar 2018). *Wiser - Eberle*. Abgerufen am 11. November 2018 von https://wiser.eberle.de/blog/klimawandel-europa

Eisenrauch, D. (11. September 2018). *Skigebiete Test Skimagazin*. Abgerufen am 15. November 2018 von Skigebiete-test: https://www.skigebiete-test.de/skimagazin/snowfarming-in-kitzbuehel-das-ist-doch-schnee-von-gestern-.htm

Flury, G. (12. November 2016). *SRF*. Abgerufen am 25. November 2018 von SRF Meteo: https://www.srf.ch/meteo/meteo-news/sonntagsstory-snowfarming-schnee-von-letzter-saison-nutzen

Fritsche, E., Putzer, J., & Putzer, J. (kein Datum). In E. Fritsche, J. Putzer, & J. Putzer, *Technik in den Alpen* (S. 137). Wien - Bozen: Folio Verlag.

Gallati, D., Kytzia, S., Lardelli, C., Pohl, M., Bebi, P., Teich, M., . . . Rixen, C. (2007). *WSL*. (S. u. Eidg. Forschungsanstalt für Wald, Herausgeber) Abgerufen am 11. November 2018 von https://www.wsl.ch/de/projekte/wintertourismus.html

Garzia, F. (4. Dezember 2016). *Nachhaltiger Sport*. Abgerufen am 23. November 2018 von nachhaltigersport.com: https://nachhaltigersport.com/2016/12/04/nachhaltiges-skifahren-welche-sind-die-initiativen-und-wo/

Haun, F. (6. Juli 2017). *meinbezirk.at*. Abgerufen am 16. November 2018 von https://www.meinbezirk.at/schwaz/c-lokales/schneekanonen-wasser-und-energieverbrauch-enorm_a216468

Jungbluth, N., Stucki, M., Leuenberger, M., & Nathani, C. (k.A.. k.A. 2011). *Schweizerische Eidgenossenschaft* . Abgerufen am 23. November 2018 von Bundesamt für Umwelt BAFU: https://www.bafu.admin.ch/dam/bafu/de/dokumente/wirtschaft-konsum/uw-umwelt-wissen/gesamt-umweltbelastungdurchkonsumundproduktionderschweizkurzfass.pdf.download.pdf/gesamt-umweltbelastungdurchkonsumundproduktionderschweizkurzfass.pdf

Lang, T. (5. Mai 2009). *Seilbahnen Schweiz - SBS*. (B. f. BFE, Herausgeber) Abgerufen am 23. November 2018 von https://www.seilbahnen.org/de/index.php?section=downloads&download=408

Luthe, T. (30. Dezember 2015). *ORF*. Abgerufen am 22. November 2018 von Scienceorf.at: https://sciencev2.orf.at/stories/1765859/index.html

Lutz, M., & Brupbacher, M. (O./J.). *Tages-Anzeiger*. Abgerufen am 22. 2018 November von https://interaktiv.tagesanzeiger.ch/2017/gletscherschwund/?openincontroller

Macho, A. (22. März 2015). *Die Zeit*. Abgerufen am 25. November 2018 von https://www.zeit.de/2015/10/klimawandel-kunstschnee-geschaeft

Martin. (19. Dezember 2016). *Snowplaza*. Abgerufen am 24. November 2018 von snowplaza.de: https://www.snowplaza.de/weblog/6791-skifahren-in-zeiten-des-klimawandels/

Meier, R. (1998). *Sozioökonomische Aspekte von Klimaänderungen und Naturkatastrophen in der Schweiz*. Zürich: VDF Hochschulverlag AG.

Müller, S. (8. Februar 2017). *Tages-Anzeiger*. Abgerufen am 24. November 2018 von https://www.tagesanzeiger.ch/schweiz/standard/geht-das-ohne-winter/story/15999281

Müller, S. (23. Februar 2017). *Tages-Anzeiger*. Abgerufen am 11. November 2018 von https://www.tagesanzeiger.ch/schweiz/standard/Den-Wintertourismus-ganz-aufgeben/story/15999281

O./A. (2006). *RAOnline*. Abgerufen am 10. November 2018 von https://www.raonline.ch/pages/edu/cli/glocli_oecd0601.html

O./A. (13. Dezember 2006). *SWI*. (swissinfo und Agenturen) Abgerufen am 22. November 2018 von https://www.swissinfo.ch/ger/klimawandel-bedroht-skitourismus/1331668

O.A. (19. November 2012). *ROI online*. Abgerufen am 25. November 2018 von roi-online.ch: https://roi-online.ch/fokus/snowfarming_schnee_uebersommern/

Osswald, D. (26. November 2015). *Tages-Anzeiger*. Abgerufen am 23. November 2018 von tagesanzeiger.ch: https://www.tagesanzeiger.ch/wissen/technik/5370-kanonen-und-98-seen-sollen-es-richten/story/15760004

Resch, G., Hiebl, J., Haslinger, K., & Unger, R. (2014). *Unser Klima*. Wien: facultas.wuv Universitätsverlag und Buchhandels AG.

Rhyner, H., & Wolfsperger, F. (31. Januar 2018). *SLF*. Abgerufen am 15. November 2018 von SLF: https://www.slf.ch/de/schnee/schneesport/schnee-und-ressourcenmanagement/snowfarming.html#tabelement1-tab2

Rixen, C., Wipf, S., & Huovinen, C. (1999-2001). *SLF*. Abgerufen am 17. November 2018 von https://www.slf.ch/de/projekte/kunstschnee.html

Salome, M. (23. Februar 2017). *Tages-Anzeiger*. Abgerufen am 11. November 2018 von https://www.tagesanzeiger.ch/schweiz/standard/Den-Wintertourismus-ganz-aufgeben/story/15999281

SBS, S. S. (Februar 2011). *Seilbahnen Schweiz - SBS*. Abgerufen am 23. November 2018 von https://www.seilbahnen.org/de/index.php?section=downloads&download=407

SnowTrex. (22. April 2015). *Snowtrex*. Abgerufen am 24. November 2018 von snowtrex.de: https://www.snowtrex.de/magazin/ausruestung/nachhaltige-pistenpraeparation/

SnowTrex. (16. November 2017). *SnowTrex*. Abgerufen am 25. November 2018 von https://www.snowtrex.de/magazin/skigebiete/wie-wird-kunstschnee-gemacht/

Streuli, A., & Reinmann, T. (Juli 2015). *Universität Freiburg*. Abgerufen am 25. November 2018 von http://www.unifr.ch/geoscience/geographie/assets/files/bachelor-theses/KURZVersion__TRP_BETTMERALP_TReinmannAStreuli.pdf

Tiroler-Tageszeitung. (7. März 2016). *Tiroler Tageszeitung*. Abgerufen am 25. November 2018 von tt.com: https://www.tt.com/lebensart/freizeit/11218654/schnee-von-gestern-fuer-den-winter-von-morgen

Zemp, R. (2. November 2017). *Luzerner Zeitung*. Abgerufen am 10. November 2018 von https://www.luzernerzeitung.ch/zentralschweiz/tourismus-zentralschweiz-investiert-millionen-in-kunstschnee-ld.92606

BEI GRIN MACHT SICH IHR WISSEN BEZAHLT

- Wir veröffentlichen Ihre Hausarbeit,
  Bachelor- und Masterarbeit

- Ihr eigenes eBook und Buch -
  weltweit in allen wichtigen Shops

- Verdienen Sie an jedem Verkauf

Jetzt bei www.GRIN.com hochladen
und kostenlos publizieren